ICONOGRAPHIE

DU

GENRE EPILOBIUM

Par H. LÉVEILLÉ

Secrétaire perpétuel de l'Académie internationale de Géographie botanique

Dessins de GONZALVE DE CORDOUE

LE MANS

IMPRIMERIE MONNOYER

12, PLACE DES JACOBINS, 12

1910

Epilobes d'Asie

PL. LVII. — **Epilobium conspersum** Haussk.

D'après l'herbier du Muséum de Vienne.

(3/4 de grandeur).

PL. LVIII. — **Epilobium Griffithianum** Haussk.

D'après l'herbier du Muséum de Kew.

(1/2 grandeur)

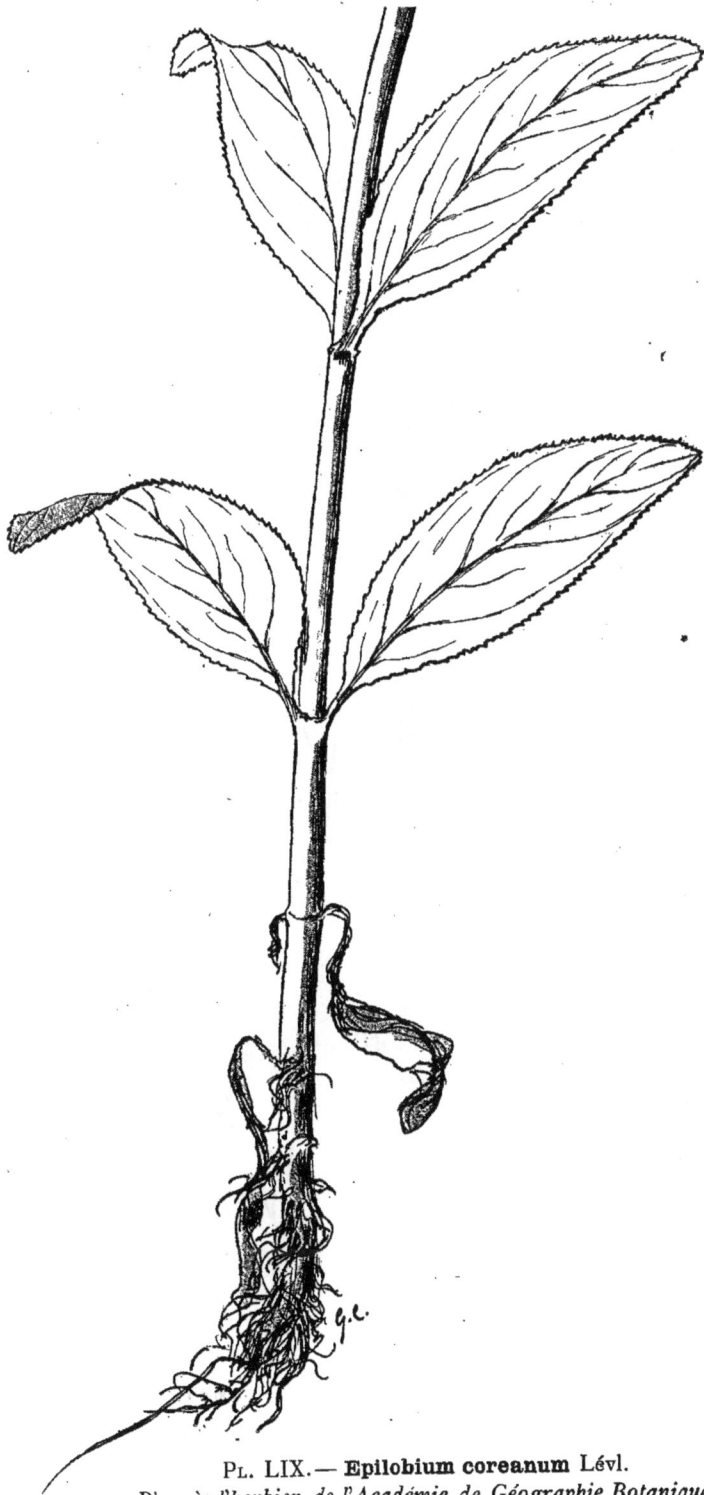

PL. LIX.— **Epilobium coreanum** Lévl.
D'après l'herbier de l'Académie de Géographie Botanique.
(Grandeur naturelle).

PL. LX. — **Epilobium coreanum** Lévl.

D'après l'herbier de l'Académie de Géographie botanique.

(1/2 grandeur).

PL. LXI. — **Epilobium cylindrostigma** Haussk.

D'après l'herbier de Saint-Pétersbourg.

(2/3 de grandeur).

PL. LXII. — **Epilobium calycinum** Haussk.

D'après l'herbier de Saint-Pétersbourg.

(2/3 de grandeur).

Pl. LXIII. — **Epilobium cephalostigma** Haussk.

D'après l'herbier de l'Académie de Géographie botanique.

(2/3 de grandeur).

PL. LXIV. — **Epilobium tanguticum** Haussk.

D'après l'herbier de Saint-Pétersbourg.

(1/6 de grandeur).

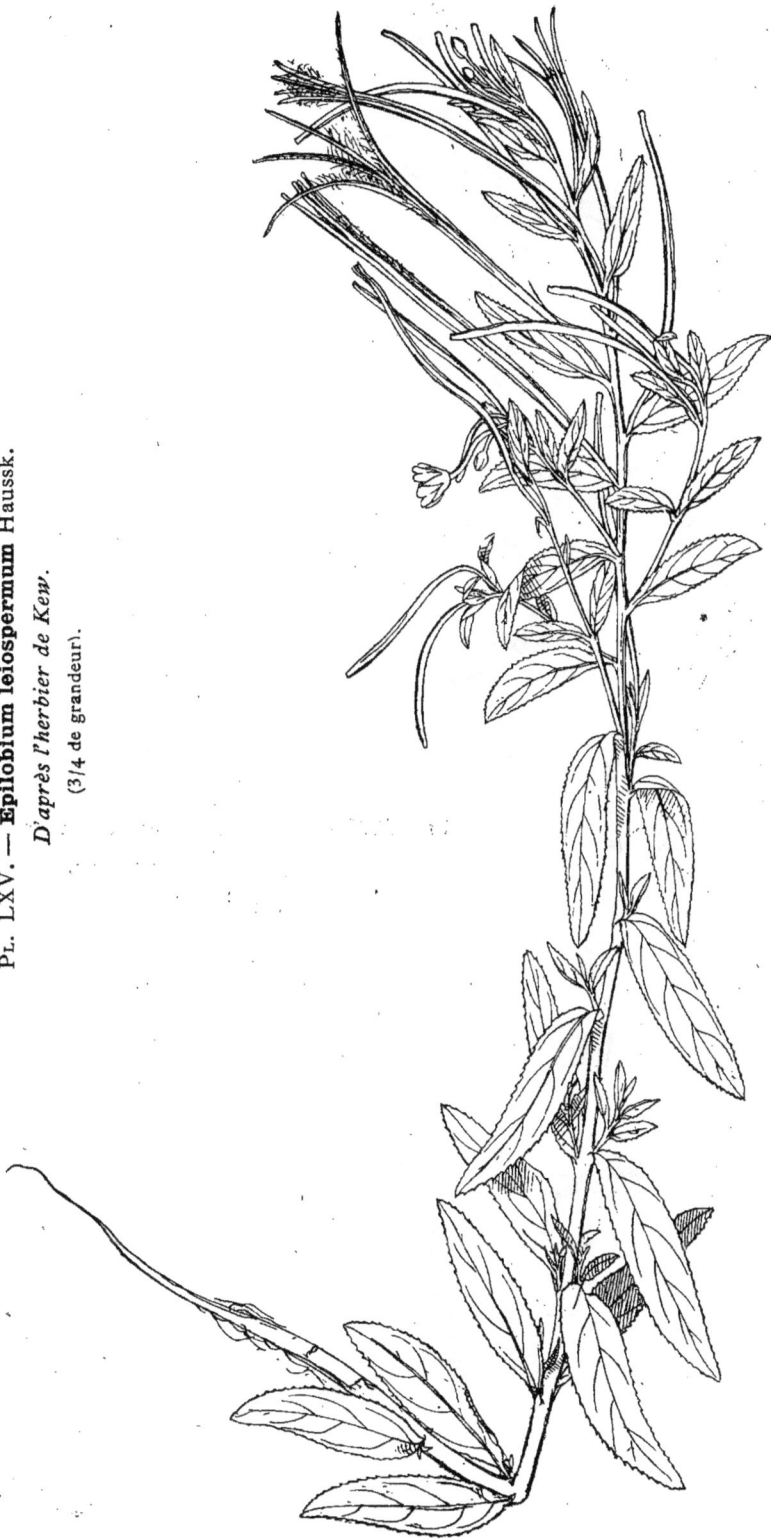

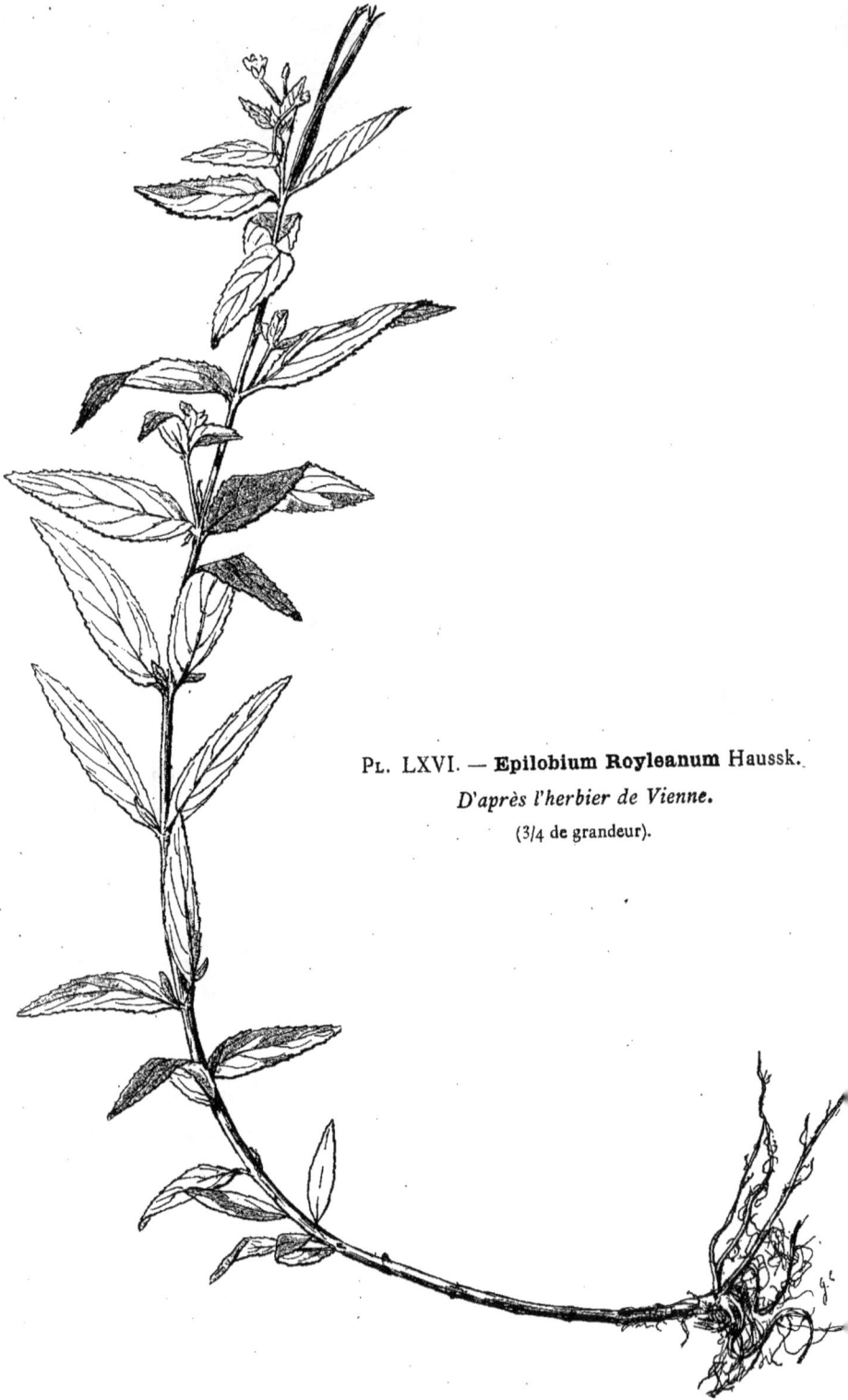

PL. LXVI. — **Epilobium Royleanum** Haussk.

D'après l'herbier de Vienne.

(3/4 de grandeur).

PL. LXVII. — **Epilobium nudicarpum** Komarov.

D'après l'herbier de Saint-Pétersbourg.

(3/4 de grandeur).

Pl. LXVIII. — **Epilobium platystigmatosum** Rob.

D'après l'herbier de l'Académie de Géographie botanique.

(Grandeur naturelle).

PL. LXIX. — **Epilobium cylindricum** Don.
D'après l'herbier Boissier.
(4/5 de grandeur).

PL. LXX. — **Epilobium Fauriei** Lévl.

D'après l'herbier de l'Académie de Géographie botanique.

(Grandeur naturelle).

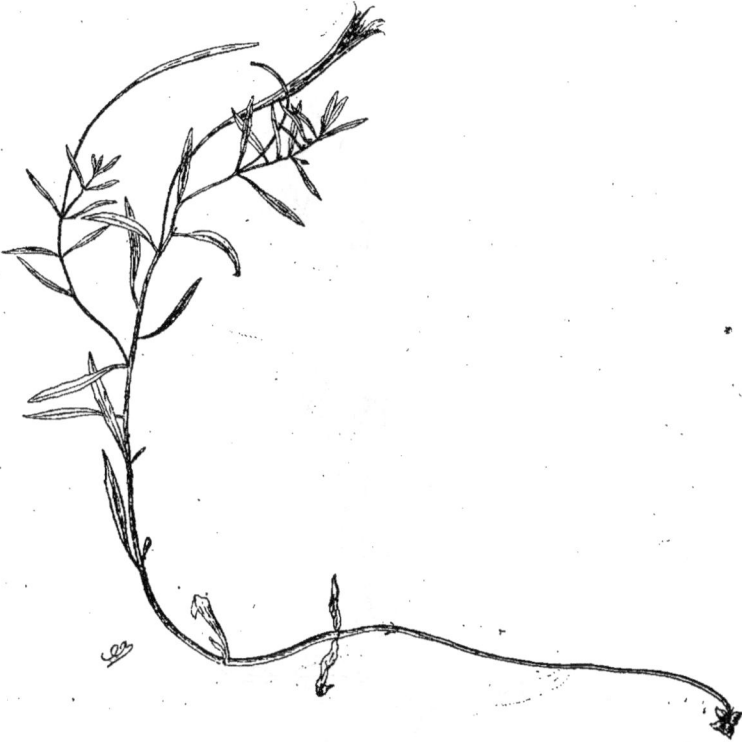

Pl. LXXI. — **Epilobium Fauriei** Lévl.
D'après l'herbier de l'Académie de Géographie botanique.
(Grandeur naturelle).

PL. LXXII. — **Epilobium Christii** Lévl.

D'après l'herbier Boissier.

(2/3 de grandeur).

PL. LXXIII. — **Epilobium lividúm** Haussk.

D'après l'herbier de l'Académie de Géographie botanique.

(2/3 de grandeur).

PL. LXXIV. — **Epilobium sinense** Lévl.

D'après l'herbier de l'Académie de Géographie botanique.

(2/3 de grandeur).

PL. LXXV. — **Epilobium tibetanum** Haussk.

D'après l'herbier Boissier.

(2/3 de grandeur).

Pl. LXXVI. — **Epilobium propinquum** Haussk.

D'après l'herbier du Muséum de Paris.

(2/3 de grandeur).

PL. LXXVII. — **Epilobium tenue** Komarov

D'après l'herbier de Saint-Pétersbourg.

(Grandeur naturelle).

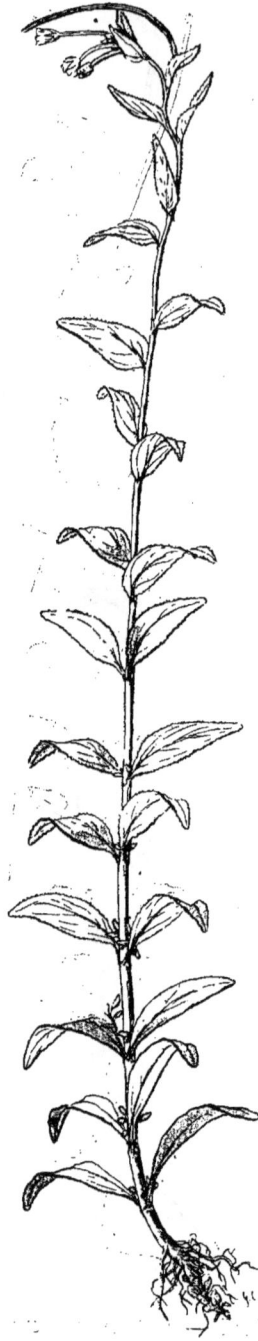

PL. LXXVIII. — **Epilobium subcoriaceum** Haussk.

D'après l'herbier de Saint-Pétersbourg.

(2/3 de grandeur).

PL. LXXIX. — **Epilobium pseudo-obscurum** Haussk.

D'après l'herbier Boissier.   *D'après l'herbier de Vienne.*

(3/4 de grandeur).

PL. LXXX. — **Epilobium Blinii** Lévl.

D'après l'herbier de l'Académie de Géographie botanique.

(3/4 de grandeur).

Pl. LXXXI. — **Epilobium pannosum** Haussk.

D'après l'herbier de Kew.

(3/4 de grandeur).

Pl. LXXXII. — **Epilobium Beauverdianum** Lévl.

D'après l'herbier de l'Académie de Géographie botanique..

(3/4 de grandeur).

PL. LXXXIII. — **Epilobium Cavaleriei** Lévl.

D'après l'herbier de l'Académie de Géographie botanique.

(2/3 de grandeur).

PL. LXXXIV. — **Epilobium trichoneurum** Haussk.
D'après l'herbier Boissier.
(3/4 de grandeur).

PL. LXXXV. — **Epilobium Sadæ** Lévl.

D'après l'herbier Boissier.

·(2/3 de grandeur).

PL. LXXXVI. — **Epilobium trichophyllum** Haussk.

D'après l'herbier de Vienne.

(Grandeur naturelle).

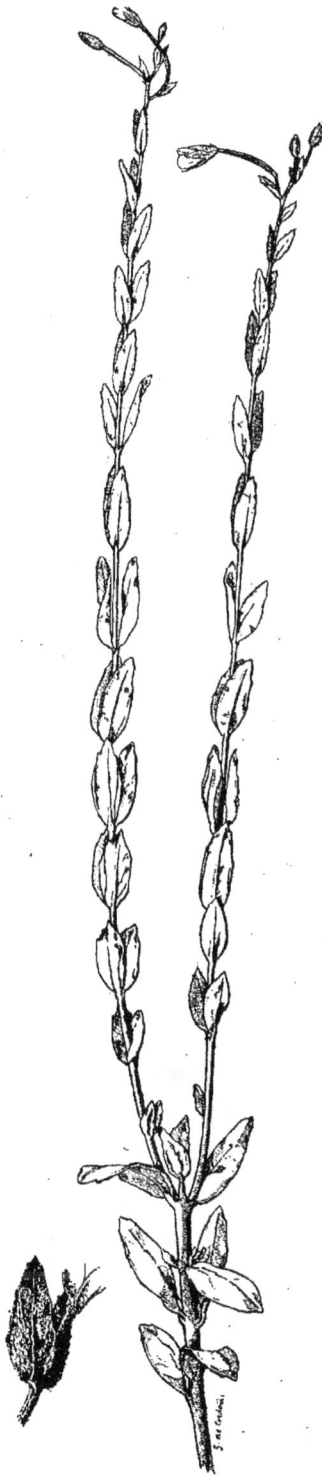

Pl. LXXXVII. — **Epilobium Cordouei** Lévl.

D'après l'herbier de l'Académie de Géographie botanique.

(2/3 de grandeur).

PL. LXXXVIII. — **Epilobium sikkimense** Haussk.

D'après l'herbier Boissier.

(Grandeur naturelle).

Pl. LXXXIX. — **Epilobium Wattianum** Haussk.

D'après l'herbier de Kew.

(Grandeur naturelle)

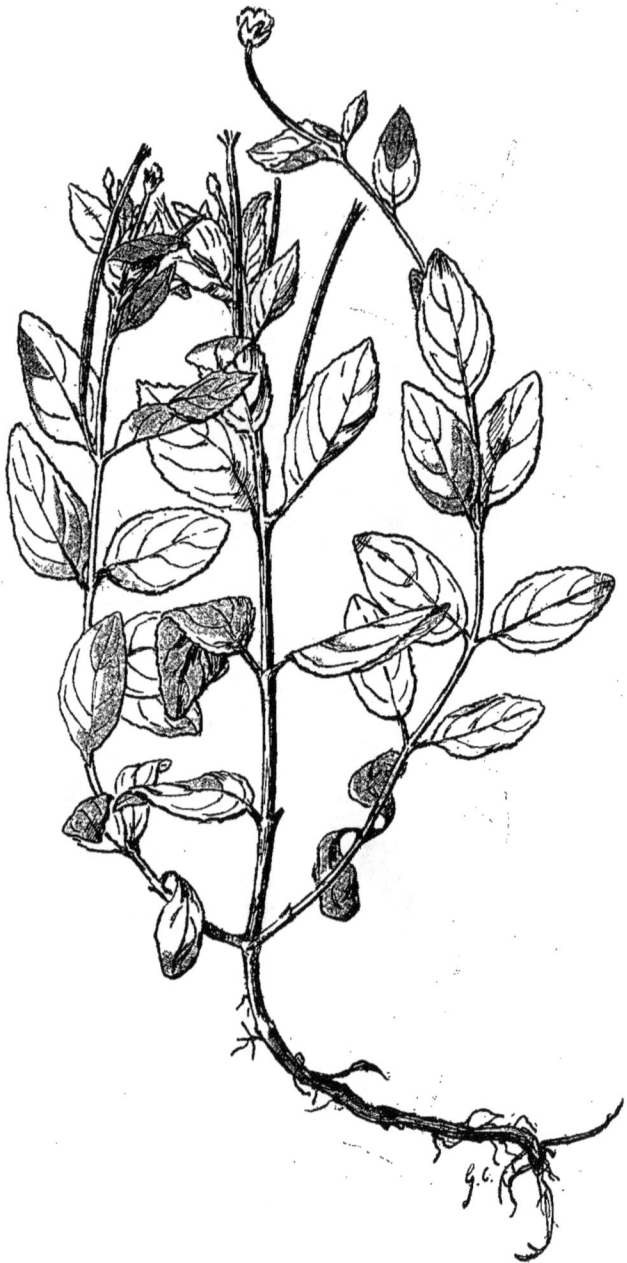

PL. XC. — **Epilobium brevifolium** Don.

D'après l'herbier Boissier.

(Grandeur naturelle).

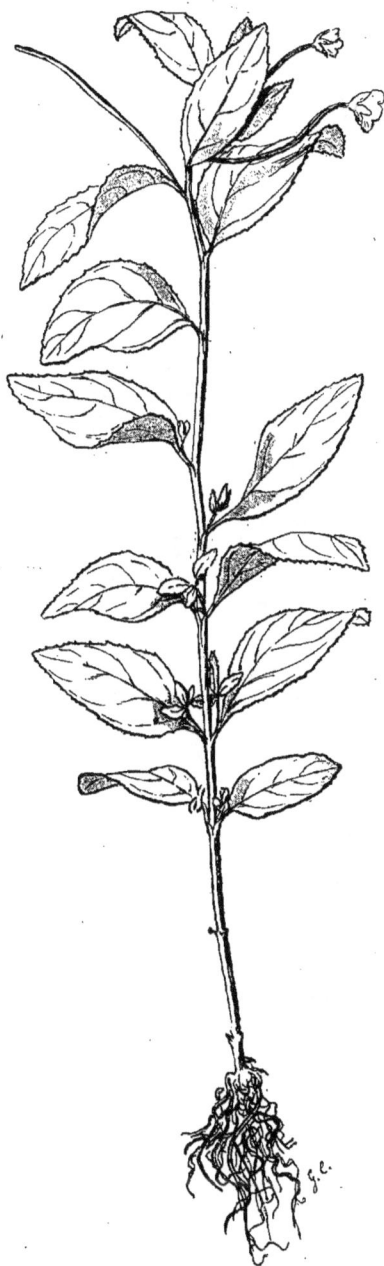

Pl. XCI. — **Epilobium angulatum** Komarov.

D'après l'herbier de Saint-Pétersbourg.

(4/5 de grandeur).

PL. XCII. — **Epilobium Stracheyanum** Haussk.

D'après l'herbier de Bruxelles.

(3/4 de grandeur).

Pl. XCIII. — **Epilobium consimile** Haussk.

D'après l'herbier de l'Académie de Géographie botanique.

(3/4 de grandeur).

Pl. XCIV. — **Epilobium indicum** Haussk.

D'après l'herbier de l'Académie de Géographie botanique.

(2/3 de grandeur).

PL. XCV.. — **Epilobium gemmascens** Mey.

D'après l'herbier Boissier.

(2/3 de grandeur).

PL. XCVI. — **Epilobium gemmiferum** Boreau.

D'après l'herbier de l'Académie de Géographie botanique.

(Grandeur naturelle).

PL. XCVII. — **Epilobium lætum** Wall.

D'après l'herbier Boissier.

(2/3 de grandeur).

PL. XCVIII. — **Epilobium chrysocoma** Lévl.

D'après l'herbier de l'Académie de Géographie botanique.

(2/3 de grandeur).

Pl. XCIX. —**Epilobium nervosum** Boiss. et Buhse.
D'après l'herbier de l'Académie de Géographie botanique.
(2/3 de grandeur).

Pl. C. — **Epilobium nervosum** Boiss. et Buhse.
(Forme cultivée).
D'après l'herbier Boissier.
(2/3 grandeur).

Pl. CI. — **Epilobium hakkodense** Lévl.

D'après l'herbier de l'Académie de Géographie botanique.

(2/3 de grandeur).

Pl. CII. — **Epilobium amplectens** Benth.

D'après l'herbier Boissier.

(2/3 de grandeur).

Pl. CIII. — **Epilobium prionophyllum** Haussk.

D'après l'herbier Boissier.

(2/3 de grandeur).

PL. CIV. — **Epilobium quadrangulum** Lévl.

D'après l'herbier de l'Académie de Géographie botanique.

(2/3 de grandeur).

PL. CV. — **Epilobium prostratum** Lévl.

D'après l'herbier de l'Académie de Géographie botanique.

(2/3 de grandeur).

PL. CVI. — **Epilobium Duthiei** Haussk.

D'après l'herbier Boissier.

(4/5 de grandeur).

PL. CVII. — **Epilobium leiophyllum** Haussk.

D'après l'herbier de Bruxelles. — D'après l'herbier Boissier.

(Grandeur naturelle).

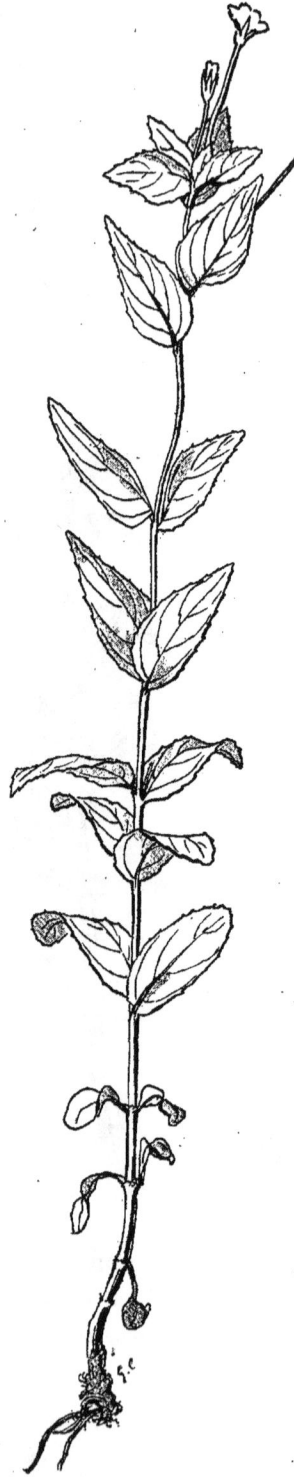

PL. CIX. — **Epilobium frigidum** Haussk.

D'après l'herbier de l'Académie de Géographie botanique.

(Grandeur naturelle).

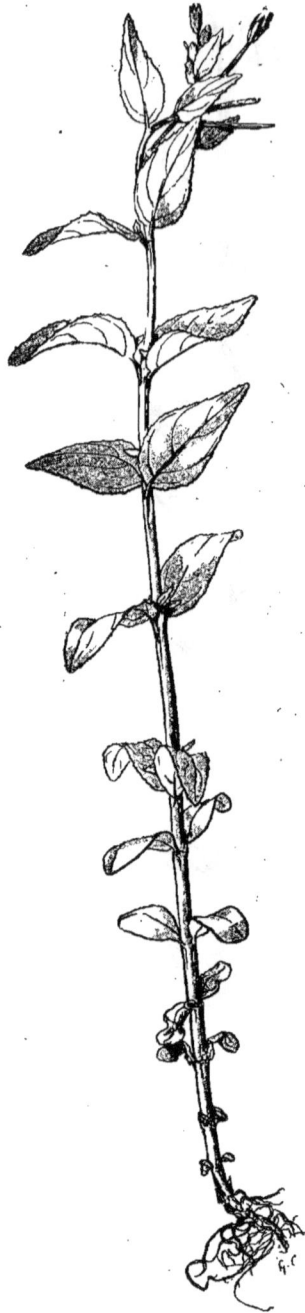

Pl. CX. — **Epilobium ponticum** Haussk.

D'après l'herbier de l'Académie de Géographie botanique.

(2/3 de grandeur).

PL. CXI. — **Epilobium algidum** Bieb.

D'après l'herbier de l'Académie de Géographie botanique.

(4/5 de grandeur).

PL. CXII. — **Epilobium amurense** Haussk.

D'après l'herbier Boissier.

(4/5 de grandeur).

PL. CXIII. — **Epilobium Clarkeanum** Haussk.

D'après l'herbier de Kew.

(3/4 de grandeur).

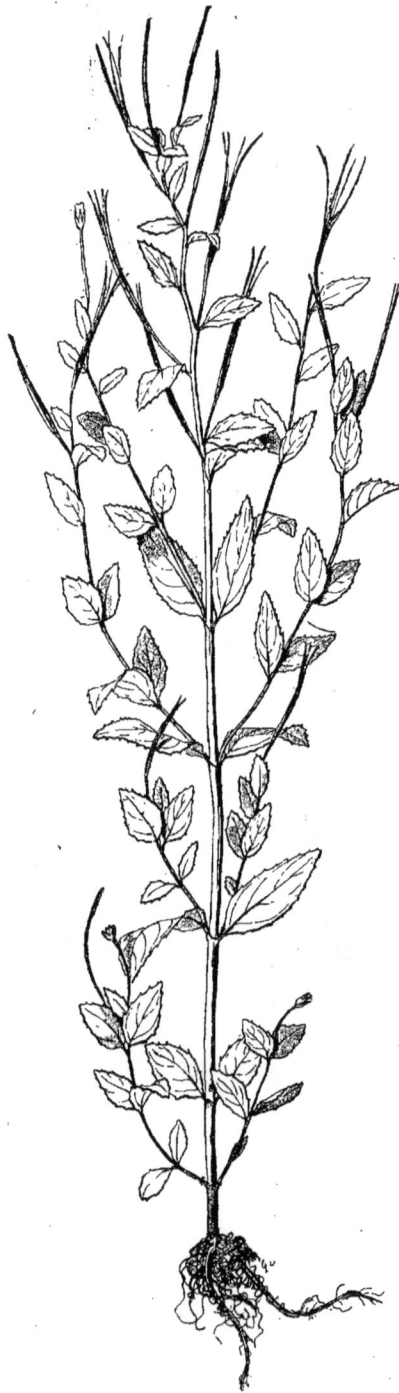

PL. CXIV. — **Epilobium gansuense** Lévl.

D'après l'herbier de l'Académie de Géographie botanique.
(2/3 de grandeur).

PL. CXV. — **Epilobium Makinoense** Lévl.

D'après l'herbier de l'Académie de Géographie botanique.

(Grandeur naturelle).

Pl. CXVI. — **Epilobium Dielsii** Lévl.

D'après l'herbier de l'Académie de Géographie botanique.

(Grandeur naturelle).

Pl. CXVII. — **Epilobium sertulatum** Haussk.

D'après l'herbier de l'Académie de Géographie botanique.

(1/5 plus grand que nature).

PL. CXVIII. — **Epilobium Prainii** Lévl.

D'après l'herbier Boissier.

(Grandeur naturelle).

PL. CXIX. — **Epilobium philippinense** Rob.

D'après l'herbier de l'Académie de Géographie botanique.

(2/3 de grandeur).

PL. CXX. — **Epilobium nepalense** Haussk.

D'après l'herbier de Vienne.

(2/3 de grandeur).

PL. CXXI. — **Epilobium Souliei** Lévl.

D'après l'herbier Boissier.

(2/3 de grandeur).

PL. CXXII. — **Epilobium imbricatum** Lévl.

D'après l'herbier Boissier.

(2/3 de grandeur).

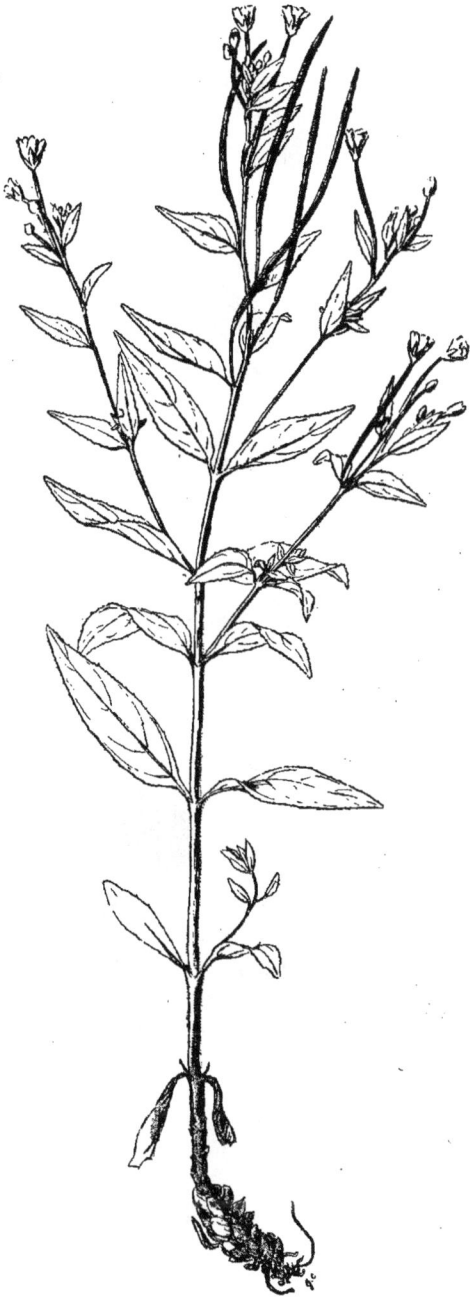

PL. CXXIII. — **Epilobium imbricatum** Lévl.

D'après l'herbier Boissier.

(2/3 de grandeur).

PL. CXXIV. — **Epilobium lucens** Lévl.

D'après l'herbier de l'Académie de Géographie botanique.

(3/4 de grandeur).

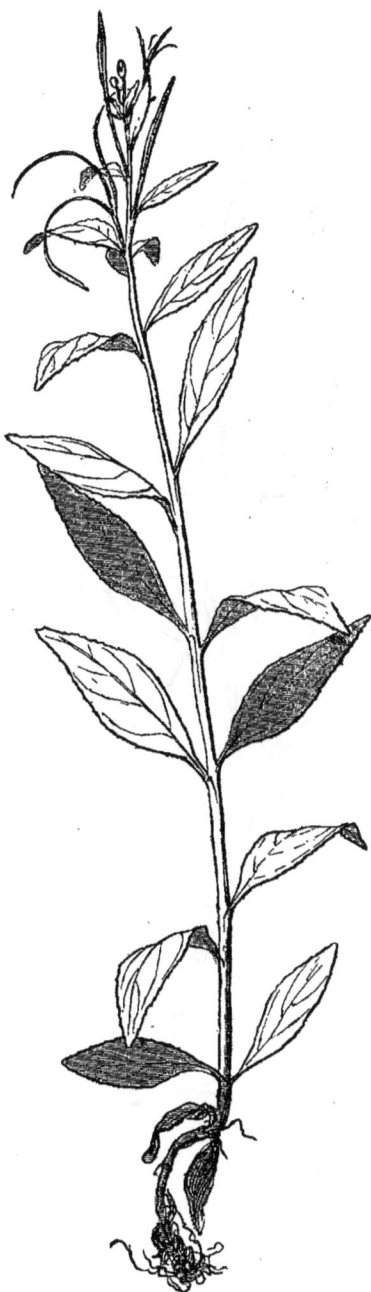

PL. CXXV. — **Epilobium cupreum** Lange.

D'après l'herbier Boissier.

(3/4 de grandeur).

Pl. CXXVI. — **Epilobium Foucaudianum** Lévl.

D'après l'herbier de l'Académie de Géographie botanique.

(Grandeur naturelle).

PL. CXXVIII. — **Epilobium Wallichianum** Haussk.

D'après l'herbier Boissier.

(3/4 de grandeur).

PL. CXXIX. — **Epilobium uralense** Rupr.
(Grandeur naturelle).

Pl. CXXX. — **Epilobium kurilense** Nakai.

D'après l'herbier de Tokyo.

(Grandeur naturelle).

CXXXI. — **Epilobium anadolicum** Haussk.

D'après l'herbier de l'Académie de Géographie botanique.

(2/3 de grandeur).

PL. CXXXII. — **Epilobium Myabei** Lévl.

D'après l'herbier de Saint-Louis.

(2/3 de grandeur).

Pl. CXXXIII. — **Epilobium confusum** Haussk.
D'après l'herbier de Saint-Pétersbourg.
(2/3 de grandeur).

Pl. CXXXIV. — **Epilobium modestum** Haussk.

D'après l'herbier Boissier.

(2/3 de grandeur).

PL. CXXXV. — **Epilobium minutiflorum** Haussk.

D'après l'herbier Boissier.

(2/3 de grandeur).

PL. CXXXVI. — **Epilobium thermophilum** Paulsen.

D'après l'herbier de Copenhague.

(2/3 de grandeur).

Pl. CXXXVII. — **Epilobium pyrricholophum**
Franch. et Savat.

D'après l'herbier de l'Académie de Géographie botanique.
(2/3 de grandeur).

PL. CXXXVIII. — **Epilobium oligodontum** Haussk.

D'après l'herbier de Saint-Pétersbourg (Académie des Sciences).

(Grandeur naturelle).

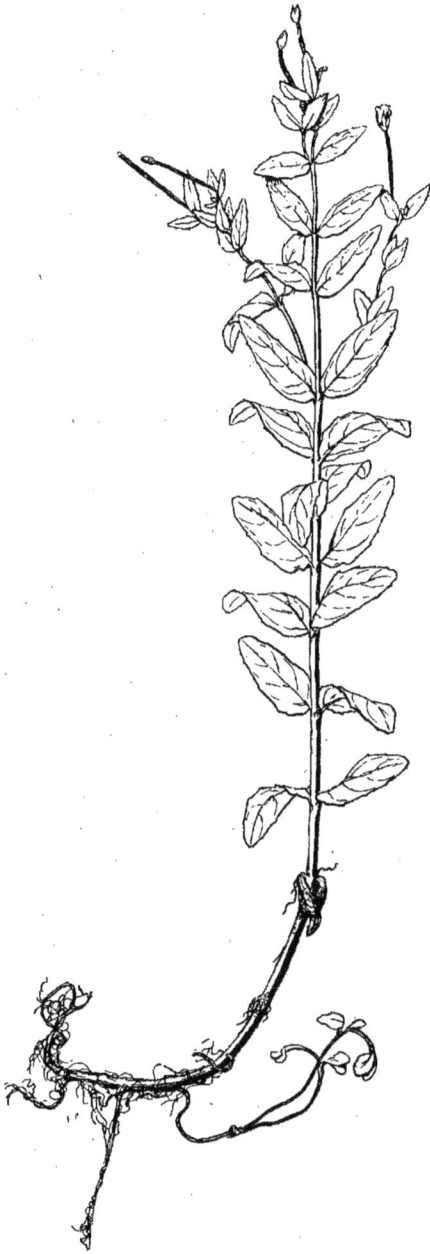

PL. CXXXIX. — **Epilobium oligodontum** Haussk.

D'après l'herbier de l'Académie de Géographie botanique.

(2/3 de grandeur).

PL. CXL. — **Epilobium Nakaianum** Lévl.

D'après l'herbier de Tokyo.

(3/4 de grandeur).

PL. CXLI. — **Epilobium arcuatum** Lévl.

D'après l'herbier de l'Académie de Géographie botanique.

(Grandeur naturelle).

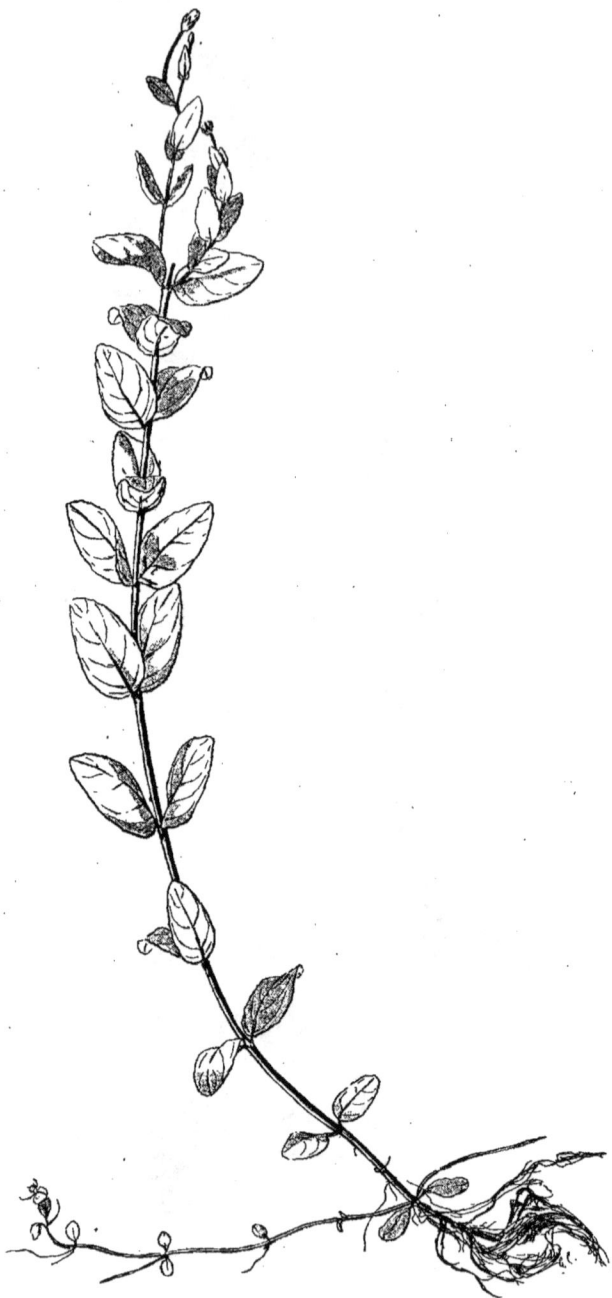

PL. CXLII. — **Epilobium Rouyanum** Lévl.

D'après l'herbier de l'Académie de Géographie botanique.

(2/3 de grandeur).

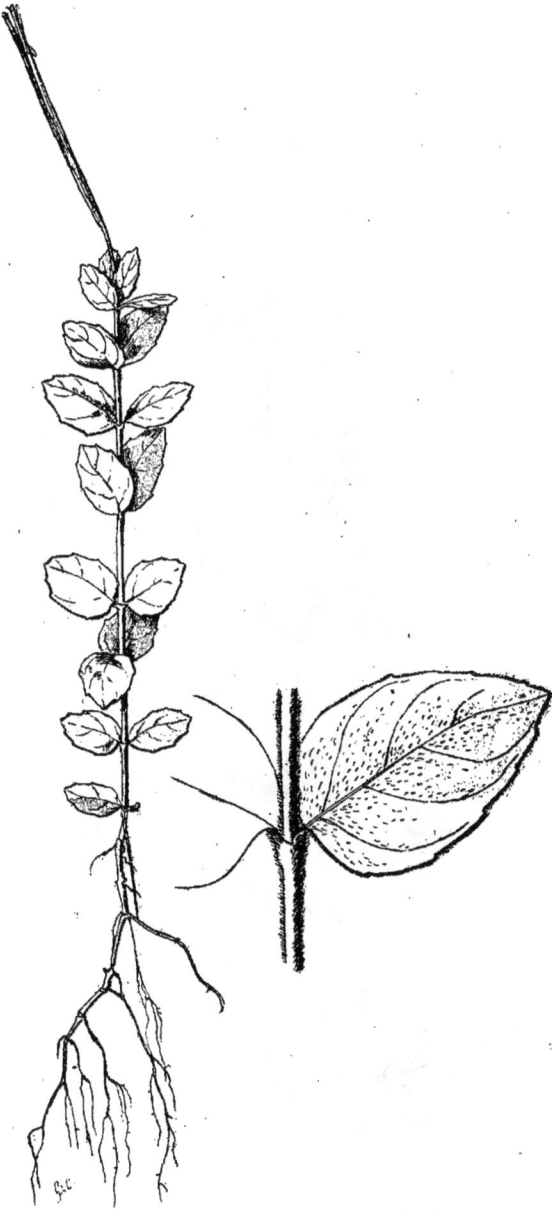

Pl. CXLIII. — **Epilobium kiusianum** Nakai.

D'après l'herbier de Tokyo.

(Grandeur naturelle).

Pl. CXLIV. — **Epilobium Duclouxii** Lévl.

D'après l'herbier de l'Académie de Géographie botanique.

(4/5 de grandeur).

PL. CXLV. — **Epilobium punctatum** Lévl.

D'après l'herbier de l'Académie de Géographie botanique.

(Grandeur naturelle).

PL. CXLVI. — **Epilobium Esquirolii** Lévl.

D'après l'herbier de l'Académie de Géographie botanique.

(2/3 de grandeur).

PL. CXLVII. — **Epilobium japonicum** Haussk.

D'après l'herbier de l'Académie de Géographie botanique.

(2/3 de grandeur).

NOTE EXPLICATIVE

On aura remarqué, en parcourant les planches précédentes, l'étroite parenté qui unit bon nombre de formes asiatiques. Cependant on peut parmi les Epilobes à tige pourvue de lignes, dès l'abord distinguer certaines espèces qui tranchent nettement sur les autres. Tel est l'*E. conspersum* qui est un *spicatum* très velu, à nervures arborescentes et à stigmate quadrifide. Tels sont *E. nepalense, E. Souliei, E. leiophyllum* très caractérisés par les dents foliaires très fines et excessivement rapprochées et par les nervures saillantes des feuilles. Ces espèces rappellent les *E. erosum* et *E. pubens* d'Australie. L'*E. Souliei* se distingue aisément du *nepalense* par ses feuilles très distantes les unes des autres. L'*E. leiophyllum* se sépare des deux précédents par sa petite taille et ses feuilles aiguës.

L'*E. Fauriei* à feuilles étroitement linéaires est le plus reconnaissable des épilobes asiatiques.

L'*E. Griffithianum* est un véritable *tetragonum* d'Asie.

L'*E. sikkimense* a la taille petite et d'énormes fleurs par rapport à sa grandeur. C'est le *Durieui* d'Asie.

Egalement reconnaissable à ses grandes fleurs et à son indûment blanchâtre est le *pannosum*. Près de lui se place l'*E. Blinii* à feuilles d'*E. lanceolatum*, à tige seulement pubérulente mais également à larges fleurs.

Les dents des feuilles très accentuées séparent les *E. prionophyllum, gansuense, philippinense* et *Beauverdianum*. Mais le *prionophyllum* a les larges feuilles des *E. montanum* et *trigonum* et aussi les fleurs ce qui le sépare du *gansuense* ordinairement rameux et à petites fleurs. L'*E. philippinense* n'a pas le port droit et élancé du *gansuense*, ni son aspect d'un vert gai ni ses rameaux à feuilles pétiolées. Quant au *Beauverdianum* il est remarquable par ses feuilles à dents encore plus saillantes et ses feuilles rapprochées.

Voici tout un groupe de formes à feuilles étroites :

E. platystigmatosum, à feuilles linéaires, distinct du *cylindricum* par ses feuilles très visiblement denticulées.

Les feuilles deviennent linéaires-lancéolées chez les *E. lividum, sinense* et *tibetanum* mais le port raide, les feuilles finement denticulées du *sinense* l'écartent des deux autres.

L'*E. lividum* est bien voisin du *tibetanum* qui a cependant la tige ordinairement simple et les feuilles acuminées.

Les *E. Christii* et *subcoriaceum* sont voisins du *sinense* mais chez le *Christii* il n'y a pas la rigidité de la tige et des feuilles et chez le *subcoriaceum* les feuilles sont élargies-dilatées vers la base.

Chez les *E. tenue* et *pseudo-obscurum* les feuilles s'élargissent. Le premier a les feuilles courtes et petites, à dents peu nombreuses. Les pédoncules sont incanes. La tige de 6-28 cm. est glabre inférieurement. Le second a les feuilles allongées. C'est une plante ascendante et flexueuse contrairement au *tenue* qui est droit et rappelle les très petits échantillons tout jeunes de l'*E. cephalostigma*.

Avec celui-ci nous voici dans un groupe de formes à larges feuilles. Nous distinguerons dans ce groupe : l'*amplectens* à feuilles très larges, très distantes, amplexicaules, à dents espacées au moins chez les inférieures ; le *chrysocoma* à aigrettes de couleur feu quand elles sont vues dans leur ensemble. Les feuilles à dents espacées sont nettement atténuées à la base.

Les *E. cephalostigma, calycinum, coreanum, tanguticum* présentent comme caractère commun une denticulation très rapprochée et nous sommes d'avis de les réunir tous sous le vocable d'*Epilobium asiaticum* en y distinguant les formes suivantes : (1)

Tige glabre inférieurement :

Feuilles surdentées : *E. calycinum.*

Feuilles non surdentées :

Feuilles évidemment pétiolées : *E. cephalostigma*

Feuilles subsessiles opaques : *E. coreanum.*

---

(1) Nous avons vu des lignes chez les *E. cylindrostigma* et *nudicarpum*. Le premier a souvent les feuilles margées de rouge, le second a ordinairement la tige violacée. Tous deux ont la tige totalement glabre.

Tige toute velue haute de plusieurs pieds : *E. tanguticum*.

L'*E*. *glandulosum* se reconnaît à ses feuilles tronquées à la base. De ce groupe nous passons facilement au groupe des espèces pétiolées. Nous y trouvons : *E. indicum, consimile, Stracheyanum, nervosum, gemmascens, gemmiferum, uralense, Foucaudianum, lucens*.

Chez le *nervosum*, les dents foliaires sont très rapprochées, excepté chez le *nervosum* cultivé, exemple typique des modifications culturales chez les plantes; le *nervosum* a les feuilles élargies à leur base; chez les *Stracheyanum* et *consimile*, les dents sont espacées; le *consimile* présente des lignes glabres et le *Stracheyanum* des lignes de poils à la tige. L'*indicum* diffère par ses turions des précédents qui sont sobolifères. Le *gemmascens*, duquel nous rapprochons le *gemmiferum* européen, dans les planches, présente comme ce dernier des bulbilles soit à l'aisselle des feuilles soit à la base des tiges; dentition et nervation sont très prononcées.

Les *uralense, Foucaudianum* et *lucens* ont les dents peu accentuées ou presque nulles. Le *Foucadianum* et le *lucens* sont tous deux d'aspect huileux et translucide sur le sec, mais le *Foucaudianum* a les feuilles très longuement pétiolées. Le *lucens* (*shiroumense*) rappelle un peu le *lactiflorum*. Parmi les épilobes moins caractérisés nous distinguerons l'*E. kurilense* qui avec ses larges feuilles amplexicaules plus longues que les entre-nœuds, nous paraît relever du *boreale*; l'*anadolicum* et le *Miyabei* dont les feuilles sont dimorphes, les inférieures obtuses à dents courtes et peu visibles, les supérieures accuminées à dents prononcées. L'*E. Miyabei* a les feuilles atténuées à leur base, sessiles ou subsessiles, cependant qu'elles sont arrondies et pétiolées chez l'*anadolicum*. Près d'eux se place l'*E. hakkodense* à larges feuilles mais qui sont toutes acuminées et à dents espacées tandis qu'elles sont très fines et très rapprochées chez le *kurilense*.

Les *Duclouxii, punctatum, Sadæ, Wallichianum, confusum* et *lætum* constituent un groupe assez confus. On peut les distinguer comme suit :

L'*E. Wallichianum* a de fines dents excessivement rapprochées.

L'*E. confusum*, a les feuilles lancéolées acuminées et la tige pubescente, les graines creusées à leur sommet.

L'*E. lætum* a la tige tétragone, luisante, glabre en dehors des lignes de poils. Les feuilles sont parfois très grandes faiblemènt denticulées.

Les *E. Duclouxii* et *punctatum* ont le premier, les lignes de la tige glabres, le second, les graines ponctuées en ligne et des stolons à la base de la tige.

Restent les espèces alpines, d'abord les tout petits *E. sertulatum* et *Dielsii*, le premier tétragone à dents écartées mais visibles, le second à feuilles peu ou pas dentées.

Parmi les formes ordinairement rameuses, nous distinguerons l'*E. Clarkeanum* à feuilles très espacées, rappelant par ce caractère l'*E. amurense* qui s'en distingue par ses graines papilleuses arrondies au sommet.

L'*E. Duthiei* a aussi les feuilles espacées mais pétiolées et plus grandes, égalant environ les entre-nœuds. Ses graines sont aplanies au sommet.

Quant au *Wattianum*, ses feuilles sont très rapprochées et il en résulte un aspect touffu.

Parmi les formes à tige ordinairement simples, nous trouvons les *E. algidum, ponticum, frigidum, himalayense, Prainii*.

Les *E. ponticum* et *frigidum*, tous deux à graine lisse, se distinguent le premier par ses feuilles flasques contractées brusquement à leur base, le second par ses feuilles rigides, subcordées.

L'*algidum* à larges feuilles et à tige flexueuse est bien distinct des *E. himalayense* et *Prainii*. Le second se différencie du premier par sa couleur d'un vert tendre et par ses feuilles inférieures pétiolées.

Nous venons d'examiner les Epilobes à tige lineifère. Passons aux Epilobes à tige dépourvue de lignes.

Les *E. trichophyllum* et *E. Cordouei* sont tout à fait remarquables l'un avec son indument blanchâtre moins épais que ne le comporte la figure, l'autre le *Cordouei* avec sa toison très épaisse de couleur de bure.

Parmi les menues espèces nous trouvons l'*E. Makinoense* et l'*E. kiusianum*, le premier formant tapis, le second à feuilles velues et obtuses ce qui le différencie du *Makinoense* à feuilles aiguës.

Les *E. rhynchospermum* et *imbricatum* sont très distincts grâce aux écailles de la base de leur tige. L'*imbricatum*, qui n'est peut-être qu'une forme du *rhynchospermum*, a les feuilles très finement dentées, acuminées et atténuées en pétiole, tandis que chez le *rhynchospermum* elles sont beaucoup plus courtes, obtusiuscules et visiblement dentées. Près de l'*imbricatum* se place le *cupreum* à souche à écailles rares ou nulles.

L'*E. quadrangulum* a la tige nettement tétragone ; les feuilles sont lar-

ges et sessiles ; près de lui nous plaçons le *leiospermum* à feuilles lancéolées, décurrentes ce qui donne à la tige un aspect quadrangulaire. Cette
espèce à graines lisses se rapproche extrêmement du *cephalostigma* et de
son groupe.

Le *Royleanum* a les feuilles pétiolées et nullement décurrentes ce qui le
différencie du précédent. Près du *leiospermum* et du *Royleanum* nous
mettrons l'*E cylindrostigma*, le *nudicarpum* et l'*angulatum*. Les *E. leiospermum* et *nudicarpum* ont leurs graines lisses, mais le premier est velu, le
second glabre dans toutes ses parties ; l'*angulatum*, anguleux au sommet,
haut d'environ 20 cm., est glabre et se distingue bien du *cylindrostigma*
à stigmate cylindrique et à pédoncules incurvés. La tige très pubescente
du *Royleanum* le sépare nettement des trois précédents.

Le *propinquum* a les feuilles d'égale largeur à peu près dans toute leur
longueur. C'est un *tetragonum* à tige dépourvue de lignes.

Les *trichoneurum*, *Sadæ* et *Cavaleriei* ont les feuilles velues ; le *Sadæ*
n'est vraisemblablement qu'une forme à feuilles espacées du *trichoneurum*.

Le *Cavaleriei* s'éloigne du *trichoneurum* par les feuilles qui, au lieu
d'être dilatées à la base, sont nettement lancéolées.

Le groupe du *trichoneurum* nous conduit logiquement à celui du *japonicum*.

Le *japonicum* a les feuilles élargies à la base et appliquées contre la tige.
Chez le *pyrricholophum*, outre l'aigrette couleur de feu, les feuilles plus
allongées, à dents écartées, le séparent du précédent. *L'oligodontum* a seulement trois ou quatre dents de chaque côté de la feuille, dents prononcées. La tige est arquée à la base ; les feuilles moyennes et inférieures sont
obtuses. Le *Nakaianum* (*oligodontum* Nakai) tient du *japonicum* par sa
tige et ses feuilles et du *Rouyanum* par ses stolons. Mais le *Rouyanum*
a les feuilles subarrondies et subentières. *L'arcuatum* semble être une
variété à petites feuilles du *Rouyanum*.

Le *prostratum* à tige longuement traçante et à feuilles divergentes paraît se rapprocher du *japonicum*.

L'E. Esquirolii a de petites feuilles ovales, la plupart subobtuses, pétiolées et à dents rapprochées.

L'*E. brevifolium* se distingue du précédent par la dentition lâche et peu marquée et par son port trapu et rameux.

Enfin les *E. minutiflorum, modestum* et *thermophilum* forment un dernier groupe assez distinct avec leurs feuilles allongées.

Les *minutiflorum* et *thermophilum* sont tous les deux rameux. Le premier a la tige velue spécialement dans la partie supérieure. Le second est glabre et se rapproche ainsi du *modestum* dont la tige est simple et la dentition plus rapprochée.

Il y a lieu d'ajouter aux nombreuses espèces asiatiques les formes suivantes :

> *E. Dodonæi* Vill.
>
> *E. spicatum* Lamk
>
> *E. latifolium* L.
>
> *E. hirsutum* L.
>
> *E. parviflorum* Schreb.
>
> *E. montanum* L.
>
> *E. lanceolatum* Seb. et M.
>
> *E. tetragonum* L-
>
> *E. Lamyi* F. Sch.
>
> *E. Tournefortii* Michalet.
>
> *E. roseum* Schreb.
>
> *E. palustre* L.
>
> *E. davuricum* Fisch.
>
> *E. anagallidifolium* Lamk.
>
> *E. lactiflorum* Haussk.
>
> *E. Hornemanni* Rchb.

que nous retrouverons en Europe et les espèces américaines :

> *E. luteum* Pursh.
>
> *E. glandulosum* Lehm.
>
> *E. Behringianum* Haussk.
>
> *E. Bongardi* Haussk.

ce qui porte à environ une centaine les Epilobes d'Asie.

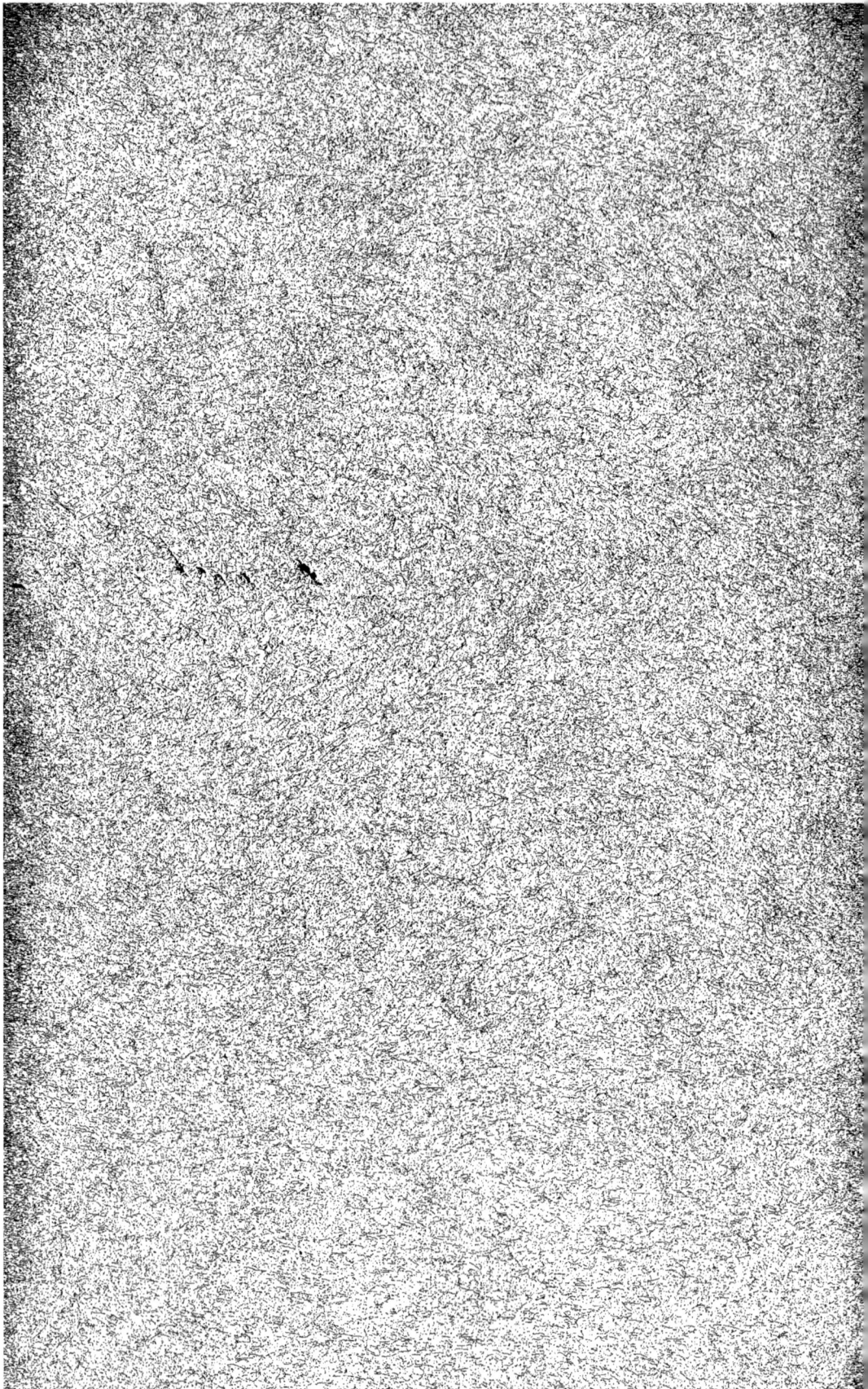

www.ingramcontent.com/pod-product-compliance
Lightning Source LLC
Chambersburg PA
CBHW071524200326
41519CB00019B/6061